极简 极美

—— 在建筑的结构里感知历史与文化 ——

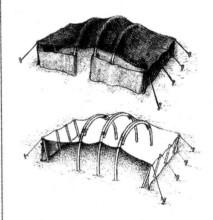

SIMPLE SHELTERS

Tents, Tipis, Yurts, Domes and other ancient homes

[英]乔纳森·霍宁 / 著　　杨 群 / 译

K 湖南科学技术出版社

图书在版编目（ＣＩＰ）数据

极简　极美：在建筑的结构里感知历史与文化 /（英）乔纳森·霍宁
著；杨群译. -- 长沙：湖南科学技术出版社，2017.8
　　（科学之美）
　　ISBN 978-7-5357-9290-7

　　Ⅰ. ①极… Ⅱ. ①乔… ②杨… Ⅲ. ①建筑结构－普及读物 Ⅳ.
①TU3-49

中国版本图书馆 CIP 数据核字（2017）第 125655 号

科学天下　科学之美
JIJIAN JIMEI ZAI JIANZHU DE JIEGOULI GANZHI LISHI YU WENHUA
极简　极美　在建筑的结构里感知历史与文化

著　　者：乔纳森·霍宁（英）
译　　者：杨　群
责任编辑：孙桂均　李　媛　刘　英
出版发行：湖南科学技术出版社
社　　址：长沙市湘雅路 276 号
　　　　　http://www.hnstp.com
邮购联系：本社直销科　0731-84375808
印　　刷：长沙超峰印刷有限公司
　　　　　（印装质量问题请直接与本厂联系）
厂　　址：长沙市金洲新区泉洲北路 100 号
邮　　编：410600
版　　次：2017 年 8 月第 1 版第 1 次
开　　本：787mm×1092mm　1/24
印　　张：2.75
字　　数：50000
书　　号：ISBN 978-7-5357-9290-7
定　　价：18.00 元
　（版权所有 · 翻印必究）

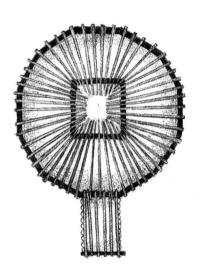

First published 2009 AD
© Jonathan and Brock Horning 2009 AD

Published by Wooden Books Ltd.
8A Market Place, Glastonbury, Somerset

British Library Cataloguing in Publication Data
Horning, J.
Simple Shelters

A CIP catalogue record for this book is
available from the British Library

ISBN 978 1904263 67 8

Printed and bound in Shanghai, China
by Shanghai iPrinting Co., Ltd.
100% recycled papers.

SIMPLE SHELTERS

TENTS, TIPIS, YURTS, DOMES AND OTHER ANCIENT HOMES

written and illustrated by

Jonathan Horning

with additional material by Brock Horning

鸣　谢

谨将此书献给阿曼达，

奉上我的爱、巧克力和玫瑰花。

谨致谢忱，

同样感谢其他团队成员：布洛克为本书文本贡献卓著；

约翰首先展现自己在图书出版方面的专业技能和聪明才智，

并同苏琪与阿吉一起自始至终热情相助。

查理·丹西和勒内·穆勒为球顶建筑部分提供了帮助。

本书绘图参考了大量他人著作，下列文本弥足珍贵：

纳巴科夫·R.易思登所著《美洲本土建筑学》、罗伊德·康编著的《住所》、奥利弗所著《非洲住宅研究》、T.菲戈所著《帐篷研究》、O.黑达尔戈·洛佩兹所著《毛竹研究》、敦克尔伯格所著《毛竹研究》、凯斯·科瑞奇洛所著《空间秩序研究》、J.奥克兰所著《哥特式穹顶研究》、苏珊·登伊尔所著《非洲传统建筑学》以及拉夫所著《弯曲屋顶的天堂》。有关球顶建筑方面的资料，可登陆simplydifferently.org网站查询。

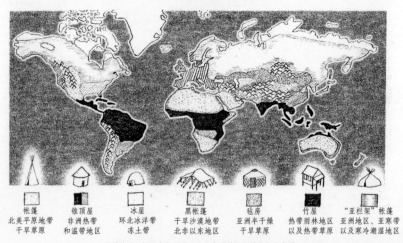

帐篷	锥顶屋	冰屋	黑帐篷	毡房	竹屋	"亚栏杂"帐篷
北美平原地带	非洲热带	环北冰洋带	干旱沙漠地带	亚洲半干燥	热带雨林地区	亚洲地区、亚寒带
干旱草原	和温带地区	冻土带	北非以东地区	干旱草原	以及热带草原	以及寒冷潮湿地区

世界地图：标明各气候带以及所发现其间主要的住宅类型

目 录 CONTENTS

001 / 引言

002 / 最初的形式

004 / 张力覆盖层

006 / 黑帐篷

008 / 更多黑帐篷

010 / 简易弯顶棚屋

012 / 弯顶大棚屋

014 / 编织与圆锥

016 / 圆锥形帐篷

018 / 更多圆锥形帐篷

020 / 卡特帐篷

022 / 毡房

024 / 更多毡房

026 / 亚栏架和考拉码杜帐篷

028 / 地窖和洞穴房

030 / 小木屋

032 / 泥盖木屋

034 / 竹屋

036 / 高级竹邑

038 / 弧形木构架建筑

040 / 方形木构架房屋

042 / 土坯房

044 / 稻草房

046 / 冰屋

048 / 短程线球顶建筑

050 / 更复杂的球顶建筑

052 / 方位和象征

054 / 外墙及最后的修整

056 / 附录—部分圆顶

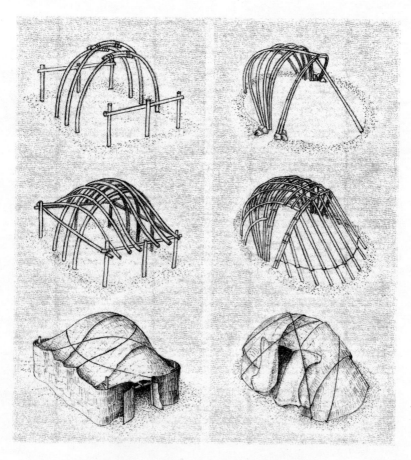

使用曲木和直木建成的两种与众不同的非洲游牧住所

左图：撒哈拉地域的图阿雷格部落住所，由金合欢木建造，覆盖以棕榈垫

右图：肯尼亚朗迪耶族的住所，由当地可用的树枝建造，覆盖以剑麻织成的纤维垫以及兽皮

引　言

　　传统房屋尽管形式简单，但是不容小觑。需要有丰富的自然知识，精确的打磨技巧来成功地对抗环境，以便能在世界上种种艰苦的条件下生活。这本小书当中的所有古代房屋都是根据当地气候、可用材料和实际需要而出现的，有游牧民族房屋、季节性房屋或长期固定住所。有一些房屋是专门设计成方便迁移的，还有一些则是要长期供人们居住的。几乎所有的房屋最终都湮没在自然景观之中，既没有对环境造成什么损害，也没有产生什么废弃物。

　　传统房屋不仅是人类用各种聪慧手段设计出的自我保护性艺术作品留给现代人的惊鸿一瞥，也清楚显示了人类是如何与自然融为一体的。许多古代的房屋反映了那时各个部落与民族创造力的全貌或者部分全貌；每当看到这些房屋居所，我们都会得到提醒：这些房屋就是人类在广漠宇宙间留下的历史地位，这就是人类居住传统的总结，这就是人类对于整体概念的认知境界！早期人类住所几乎全部都是独有的圆形设计，也许能够说明这一点。圆形也代表了年复一年的循环，以及游牧生活的周期性模式。

　　这本书中也收入了如稻草建筑和短程线球顶建筑之类的新式房屋设计技术，因为它们设计新颖，造型简洁。很明显，简单房屋的定义是我个人之见，但我希望你们读完这本书后，能够根据书中介绍的这些可爱小屋，在将来某个时候，试着自己亲自动手去建一座简单的屋子，并在小屋里留下一个属于自己的美梦吧！

最初的形式

基础结构

PRIMARY FORMS

房屋的历史就和传说一样古老。其主要和最初的功能是出于自身保护，让人有所居，不受雨水、冰雹、降雪、冻雾、日晒、大风和极温的影响，抵挡昆虫、饿狼、大型猫科动物或敌人的入侵。另外一个或许后期才有的功能则是让人生活得更加舒适，保护隐私不被偷窥或窃听。

人类最早的栖身之处极具自然特色，树木、山谷、洞穴或凌空飞岩均可就地取而用之。已知的最古老的小棚屋是公元前14000年的乌克兰圆锥形建筑，它使用松枝和猛犸象骨建成。世界上的多数早期建筑都是圆形或三角形的，这种结构最结实也最合理。

圆形基础的小屋适合承重性不强的材料，因为圆形结构能够均衡整座小屋的重量。三角形房屋通常采用"三棱柱"的形式来建造，能够更好地支撑，对抗地心引力，但通常不高。圆锥形帐篷结合了这两种形状，可以就近取材，比如使用泥土、动物骨头、树叶或者木棍来建造。

下图显示了世界上广泛使用的两种房屋结构。我们将在本书中详述它们的建筑元素。

兽骨和兽皮建成的住所

游牧民族盎格-鲁撒克逊人的A字形结构房屋

分别由一根、两根、三根竿子相连的基本形式

土著居民用树皮搭建的A字形结构住所

木栅斜棚

圆锥形变体结构使用较少的长杆有一个环形排烟口

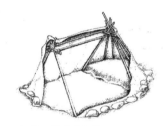

从基本结构向圆形设计的演进

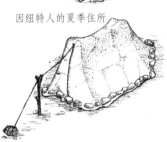

因纽特人的夏季住所

发展为长方形和半圆形设计

"半弯形"单结构和双结构

TENSIONED COVERINGS
张力覆盖层
拉紧使直立

　　尽管大多数房屋主要依靠加顶的框架结构以使墙壁得到支撑，也有许多早期的临时房屋主要依靠张力结构。一些大型的住所，比如牧民的黑帐篷（见第5页），就是没用什么框架结构，主要依靠顶棚的张力来建成的。实际上，如今的大多数帐篷都是很大程度上依靠张力来保持稳固的。

　　张力覆盖物使用能够拉紧的织物或毛皮作为材质。古代人类使用的张力覆盖层材质主要是兽皮、动物毛织成的布料或大麻纤维。用这些材质缝制而成的张力覆盖层可以随意展开，不会断开或破裂。大多数其他的覆盖层，如泥土、草席或毛毡等材质只能在自承式结构中被使用。

　　所有张力结构都需要立式支座，要么是被绳索绑定的小型内部结构，要么就是树木之类的外部支撑。这种张力结构要么可以借助木桩拴住，要么就用石块坠住，从而隔离出空间。有的是直接插入地下成为住所的墙壁，围拢成一个封闭的空间，有的则是在热带地区，通过绳索将小屋固定在地上，既通风透气，又能保持室内凉爽。

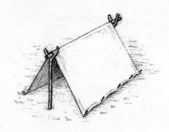

撑杆和张力覆盖层结构

有纵向支撑的变体

使用内外结合的支撑

一根撑杆的结构可维
持覆盖层张力

基础敞开式住所

没有内部结构，因此需要外部支撑

只使用绳索和外部支撑

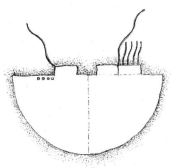

上述图例以及左边图例显示当代
帆布帐篷设计

方形张力覆盖层在住所建造中非
常管用，例如黑帐篷

BLACK TENTS
黑帐篷
用毛皮做成的房屋

　　理解普遍原理的最好方式就是通过例子来学习。黑帐篷有两种主要类型，分别是：简单的东方型或波斯型，主要分布在从伊朗到中国西藏一线；还有西方型，大都见于非洲西北部到阿拉伯半岛、伊拉克和叙利亚一带。在东方类型的帐篷当中，每块布料依照宽度纵向依次缝合，使拉力与接缝呈90度角（否则它们会破裂）。支撑杆位于接缝下面，杆子底端扣着绳索结成的环。西方类型的帐篷构建的基本原理相同，但是每块布上有松紧带，因此拉力主要就集中横跨在这些接缝上面。由帐篷杆支撑，绳索扣在底端，让帐篷更加牢固。

　　有限的资源决定了木头材质很少被使用，木头只在拉力结构中才会用到。覆盖物全部的拉力都集中在几个关键点上，也就是说帐篷盖和框架互相依赖，缺一不可。

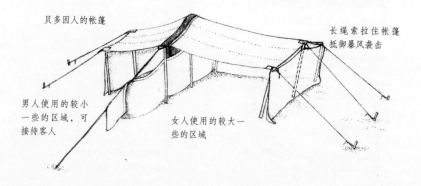

贝多因人的帐篷

长绳索拉住帐篷
抵御暴风袭击

男人使用的较小
一些的区域，可
接待客人

女人使用的较大一
些的区域

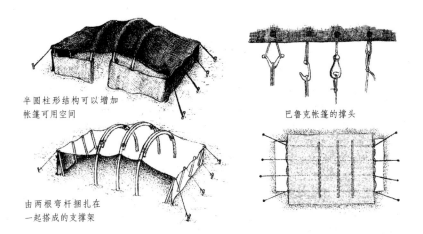

半圆柱形结构可以增加
帐篷可用空间

巴鲁克帐篷的撑头

由两根弯杆捆扎在
一起搭成的支撑架

上图：阿富汗俾路支人的东方型筒形弯顶黑帐篷是由古代拱形小屋的设计改变而来。因为有木架支撑，无需太强的张力

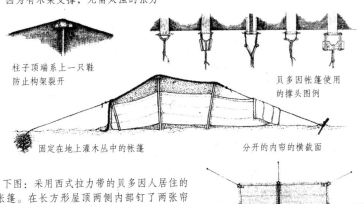

柱子顶端系上一只鞋
防止构架裂开

贝多因帐篷使用
的撑头图例

固定在地上灌木丛中的帐篷

分开的内帘的横截面

下图：采用西式拉力带的贝多因人居住的黑帐篷。在长方形屋顶两侧内部钉了两张帘子（努阿格）将侧边包围住，至少有一张内部装饰帘（戛塔）将男女区域分隔开来。帘子可以移走以便通风。内帘装饰良好的一端挂在绳索外面，用来标明入口处

MORE BLACK TENTS
更多黑帐篷
在西方大有用武之地

黑帐篷的使用地域广阔，从非洲西北海岸到中国西藏东部边境都可以看到它们的身影。黑帐篷最初被人设计出来并得以发展是为了适应炎热干燥的沙漠环境。它的屋顶低矮，是为了抵御阳光和风沙，敞开式结构则是为了通风，使室内凉爽。覆盖层主要是用黑色山羊毛制成，黑帐篷也因此而得名。选择黑山羊毛是为了保证帐篷的结实、长度和良好的拉力。有时也会混杂一些骆驼毛和绵羊毛。黑色比较深沉，能投下浓密的阴影，在炎热的天气里可以帮助散热，在寒冷的季节也可以起到很好的隔绝御寒作用。敞开式的编织方法能让热气挥发。毛发的天然油脂成一道有效屏障，但很难抵御暴雨侵袭。

一般来说，黑帐篷的寿命是五到六年，这些帐篷会逐渐腐烂分解，最后完全融入自然。图示这些帐篷是不同部落建造的，根据气候不同、部落认同感和习俗差异，它们之间也都存在着细微区别。

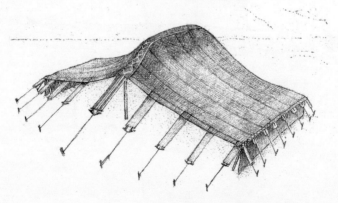

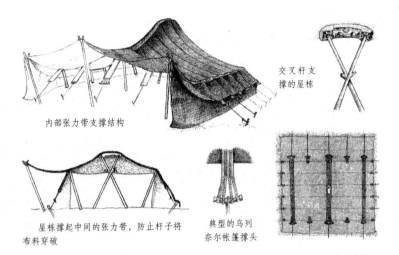

交叉杆支撑的屋栋

内部张力带支撑结构

屋栋撑起中间的张力带，防止杆子将布料穿破

典型的乌列奈尔帐篷撑头

上图：阿尔及利亚乌列奈尔人的西式帐篷。幅边用60~90厘米宽，9~18米长的布料制作，根据部落标识颜色上色

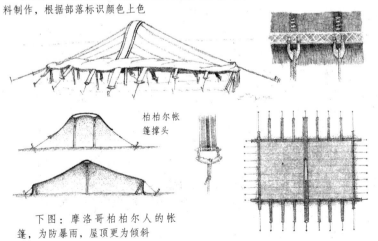

柏柏尔帐篷撑头

下图：摩洛哥柏柏尔人的帐篷，为防暴雨，屋顶更为倾斜

SIMPLE BENDERS
简易弯顶棚屋
临时栖息之处

从美洲、非洲、亚洲到拉普兰区，都可以见到不同风格的棚屋。这是一种通用型住宅，适合多数不同气候和大多地区。它们也是最容易建造的房屋之一，不用复杂的工具，只要一些细树枝即可。割下来的竹竿是弯曲的（因此叫作弯顶棚屋），形成一个半球。至于搭好的架子上的覆盖物，当地有什么可用的，都可以拿来作为材质。北美土著使用榆树和桦树枝条来建造他们的棚屋。芬兰人使用的是驯鹿皮，非洲的一些部落则用芦席，好让热气排出，保持室内凉爽。然而棚屋的大小有限，也只能承受有限的重量。

建造弯顶棚屋有三种主要方式。第一种方式是将一根竿子的两端插入地里，形成拱形。第二种方式是分别将几根竿子的一端插进地里，相互之间弯曲、重叠，在头顶上方相连。第三种方式则是将所有竿子围绕某个中心点相连。

在所有传统房屋中，根据当地情况会使用不同的木头，然而柳条却是被普遍选用的。另外一些广泛使用的木材是榆木、榛树木、山核桃木、椴木和铁木。

刚果树叶外墙　　　　拉普兰兽皮外墙　　　　富拉尼芦席外墙

集中型

垂直边沃泽尔集中型

基础弯架结构

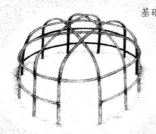

平行三角形结构

平行方形结构

南美土著棚屋的内外部结构相同，使得榆树枝和桦树枝搭建的外墙得以固定。切割出锯齿状的环形之后，再用楔子或斧头砍下树皮。将树枝和云杉根缝制在一起

弯顶大棚屋

使用内部支撑结构

要是弯顶棚屋的面积更大、设计更加复杂，就需要用到内部支撑结构了。例如，下图所示的拱顶棚屋发源于森林地带，连在一起的树枝搭成的拱形架子直径大约有6米，高度为2.8~3米。整个棚屋框架由两根柱子在内部支撑，中间搭着一根横梁。边上还环绕着一层层水平纵梁，用以加固棚屋框架，也方便将编织的苇席或草席，或是用桦树、榆树、栗树枝条搭成的长2.5~3米、宽1.2米的薄板覆盖在架子上。

另有一种叫作"基"（Ki）的棚屋（见第13页上图），主要见于亚热带森林，内部结构面积为2.5平方米，由横梁连在一起的4根杨木柱子支撑。顶上放置着的木棍构成了屋顶。地上的柳枝被弯折到横梁上，构成一个直径4.5~6米、高2.5~2.8米的小屋。房屋的框架也编进了灌木枝和树枝。屋顶用泥封砌，墙壁周围培土以加固。

北美威奇托草屋（见第13页下图）框架使用弯曲的柱子，向内弯曲成一个直径3米的圆形框架，由8~12根柱子搭成横梁。将最初搭建的4根基柱（一直延伸到顶端）在顶端系在一起形成一个环形，用来排烟。纵梁使得结构稳固，成捆的草紧束在上面，外部的纵梁将它们加以固定。

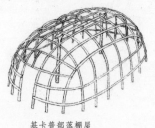

基卡普部落棚屋

桦树枝覆盖层

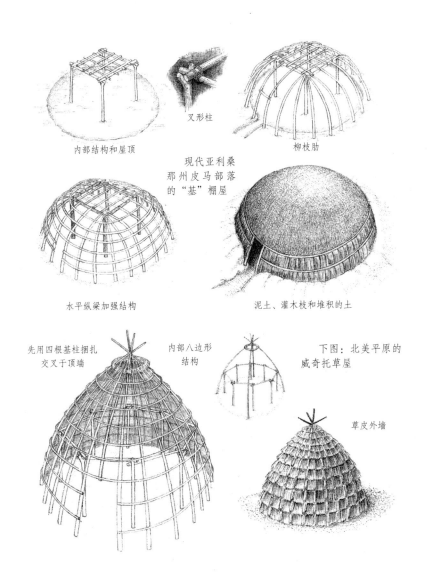

内部结构和屋顶

叉形柱

柳枝肋

现代亚利桑
那州皮马部落
的"基"棚屋

水平纵梁加强结构

泥土、灌木枝和堆积的土

先用四根基柱捆扎
交叉于顶端

内部八边形
结构

下图:北美平原的
威奇托草屋

草皮外墙

WOVEN AND CONICAL

编织与圆锥

倒扣的篮子

　　这里展示的编织型住所属于弯曲木制结构的一个不同寻常的变体。这种住所是埃塞俄比亚南部偏远地区农民的家，能够适应炎热、潮湿、偶尔下雨的自然气候。

　　多兹部落的椭圆形"清查"式房屋，是借助由竹子、绳子、罗盘（定型）组成一个直径为7米的圆圈。然后沿周长每隔1.2米就竖起一根劈开的竹竿，围绕这个框架结构按水平方向绑上带子，联结而上。在靠近顶部的地方，框架材质向内弯曲，在近7米高处闭合。一个锥形门廊被加在一个木头或竹子做成的交织型门上，从里面可以闩住。框架上是密密实实的防水竹叶和茅草屋顶，排布在竹条之下，同样是层层向上。内部空间由竹片分成两块。后面用来存放物品。前面部分安放中央炉灶，屋顶半坡处有个排烟口。

　　西达摩人的涂土尔房屋则是使用一根中心支柱，热带草原上的防水草或者是竹编做成的屋顶放置在柳条制成的两个隔层中间。室内被分为人居区和牲畜区。竹子织成的屏风还将父母和孩子以及来客区域分隔开。在屋子的中间还有一个灶台。

　　3~4.8米高的古拉格族小屋的建造则先是挖一个圆形的浅沟，劈开的桉树枝垂直插入地面，由两根对半分开的竹劈子连成一圈。椽子固定在中间的一根柱子上，在顶上留下1米的突起，绕着建筑连成两个圆形，由横梁支撑。屋顶从头至尾覆盖着干茅草，里面的墙壁涂抹了两层泥巴。这种建筑的寿命长达30~50年，不过每隔10年就需要换一次茅草屋顶。

"清查"式房屋框架和覆盖层。当框架部件末端腐烂之后，房屋就从底端分割出来，移到另外一处，每4年房屋会下降20厘米，直至低矮到无法再居住为止，然后就再建造一座新的房屋

西达摩房屋框架和覆盖层。先用一根垂直的柱子作为支撑，绕着柱子围出一个50~60厘米的圆圈。墙壁中间是竹子编织的覆盖层。屋顶是分开制作的，做好后安置在顶端，由中心支柱支撑（离右边有点远）

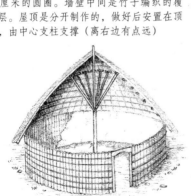

古拉格房屋。普通的非洲房屋风格，圆锥形屋顶建在圆柱形屋基上。在这里，支撑椽条的斜梁超出中心柱25厘米。更大的房屋还要高出12厘米

圆锥形帐篷

TIPIS

最时尚的锥形帐篷

　　美国土著所居住的圆锥形帐篷是根据北美洲平原温和的天气进化而来的。建造简便，拆除容易，这样的设计是为了方便放牧水牛。早期圆锥形帐篷是由狗来运输的，面积很小，平均直径不过3米，支柱长也不过4.5米。在这个时期，许多美国土著是半游牧民族，他们夏天住在圆锥形帐篷里，冬天则住在地窖里（见第28页）。后来，运输工具变成了马，帐篷也变大了，直径5.5~6米，高6.5~7.5米。如此一来，这些土著民族的活动范围更加广阔了，他们全年放牧，成了完全的游牧民族。帐篷顶可以收拢后放在雪橇上，柱子就束在一起拖在雪橇后面。

　　平原上黑松生长茂盛，是支撑柱的首选用材。上等黑松是非常珍贵的。帐篷周围覆盖着12张褐色的水牛皮，许多加工程序使得牛皮柔软，富有弹性，能够防水。新帐篷里还会点起火堆熏烤，确保帐篷可以干燥防水。覆盖层通常使用1~3年就要更换，但是有时也能保存到十年。刷漆或装饰覆盖层的帐篷是权贵或巫师居住的。这种设计通常深受神圣的宗教仪式影响。

　　圆锥形帐篷一小时之内就能搭建起来。首先用3~4根柱子相连，插入地面以支撑帐篷。在此之上再放置20~30根轻型长杆（一般来说，4根支柱的帐篷需要比3根支柱的帐篷使用更多这种轻型长杆子）。然后覆盖层被系在最高的那根杆子上，包裹起来，最后用木钉收拢缝合。

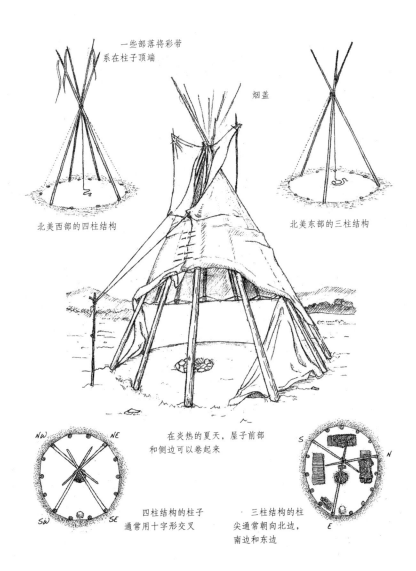

一些部落将彩带
系在柱子顶端

烟盖

北美西部的四柱结构

北美东部的三柱结构

在炎热的夏天，屋子前部
和侧边可以卷起来

NW

NE

SW

SE

S

N

E

四柱结构的柱子
通常用十字形交叉

三柱结构的柱
尖通常朝向北边，
南边和东边

更多圆锥形帐篷

源于北美平原

　　在传统圆锥形帐篷内部，带有几何装饰的"防潮布"，也叫内衬，从上到下挂到地面，用来隔热和抵御大风，防御火灾。还可以防止雨水顺着柱子流淌到居住的区域。在极度寒冷的天气里，能够用草填在内衬里，为帐篷再铸造一道额外的屏障。早期的帐篷常是使用石块来配重固定的，后来采用木桩来代替。

　　传统上，圆锥形帐篷是妇女们在河边安营用的，帐篷搭建在小丘上，因此帐篷的地面可以保持干燥。帐篷朝向东方，以迎接早晨的太阳，并能够抵御盛行的西风。在帐篷内部，男人坐在北边，女人坐在南边，所有尊敬的来宾坐在西边。帐篷中央摆放着一个神坛，里面燃烧香草，供善男信女们向上帝祈祷。圣坛东边紧挨着就是一个火炉。神圣的药包悬挂在帐篷内的三脚架上，柴火、食物和炊具放在门边。

　　圆锥形帐篷有两个主要方面区别于其他锥形帐篷：一是后倾，帮助抵御大风，增加室内可用面积。二是排烟盖，有通风和排烟的作用。排烟盖可以随风向调整，在雨天或下雪天则完全关闭。

　　圆锥形帐篷的门翼有许多种形状，下图显示了其中三种式样。

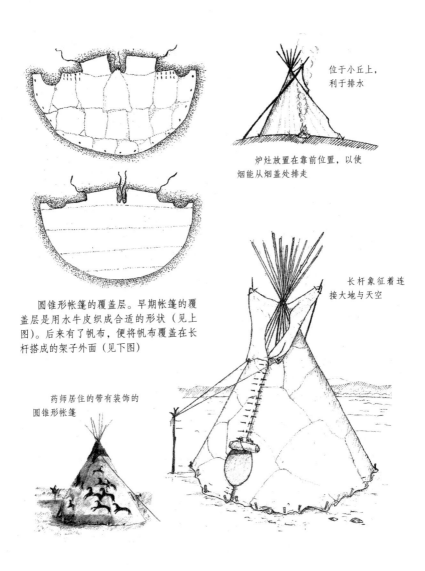

位于小丘上，
利于排水

炉灶放置在靠前位置，以使
烟能从烟盖处排走

圆锥形帐篷的覆盖层。早期帐篷的覆盖层是用水牛皮织成合适的形状（见上图）。后来有了帆布，便将帆布覆盖在长杆搭成的架子外面（见下图）

长杆象征着连接大地与天空

药师居住的带有装饰的圆锥形帐篷

KATHE
卡特帐篷
牢固的倒弧形

　　拉普兰的卡特帐篷有三种类型：交叉支柱型、弯曲支柱型和草皮型。交叉支柱型帐篷（无图）呈圆锥体，先是用三根柱子作支撑，搭好帐篷架子，再加上20~30根柱子。这就是住在森林中的拉普人的夏季小屋。

　　弯曲支柱型帐篷（见第21页上图）是一种造型独特的轻便帐篷。它使用弯曲的椽条来搭建帐篷架，能搭出直径较大的空间。从自然呈弓形的松树或桦树上砍下一对弯曲的椽条，穿过上方一根高过头顶的烟杆，横梁搭建在中间位置。两根弯曲的门柱交织在帐篷前部，后面是一根柱子（见第21页下图）。这种牢固结构上附着12~18根2.8~4.5米的细长竹竿。在帐篷内部，灶台摆放在中间位置，屋子里有一圈平底石，厨房正对着门，储藏区设在门边。其余区域则是供作息起居的。

　　草皮型卡特帐篷（见第21页下图）是沿海地区拉普人用来永久居住的一种房屋，也是半游牧的拉普森林住民冬天居住的小屋。它与弯曲支柱型卡特帐篷结构相似，但是更重，帐篷上覆盖着泥土和木头。

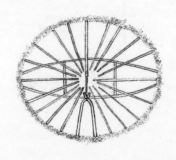

烟杆

横梁

弯曲椽架

弯曲支柱型卡特帐篷。覆盖层分成两半，与后面的支柱固定，再系在前面的门柱上。门是用兽皮或布料制作的，与木板相连，靠在支柱上。底座石头放置在帐篷内，压住覆盖层的底部边缘

草皮型卡特帐篷与弯曲支柱型卡特帐篷相似，也是两端各放置一根弯曲支柱，用"烟柱"和中心横梁连接。卡特帐篷作为一种永久型居所，通常用更重、更粗的竹子建造，先覆盖木头和树皮，然后插入地里

毡房

YURTS

独立式的毛毡住所

　　毡房的使用范围从土耳其东部一直到蒙古，主要集中在蒙古、哈萨克斯坦和吉尔吉斯斯坦（现在还有很多人住在这种帐篷里）。毡房为独立式结构，通常直径为3~6米，依靠反作用力保持刚度。帐篷顶部重量所产生的向下和向外的压力通过墙顶周围张力带向内的压力获得平衡，也就是说它不需要绷绳或绷布覆盖就可以保持形状。

　　毡房有四个关键部分：木栅（蒙语称"哈纳"）、屋顶撑杆（乌尼）、顶圈（陶脑，下图是两个地区的图例）以及门框（纳斯）。可拆卸的木栅墙是由6~8片木栅组成的，每片包含了20根1.8~2米高的柱子，四根半柱子由系的皮带联结在一起。门框通过马鬃绳绑在木栅上面。在顶上，用蒸汽烘弯的圆木柱用一根细绳在一端打结，连接在墙上。圆木另一端呈锥形，使之能够插进顶圈的凹槽中。顶圈就是一个圆形的轮子，直径1~2米，有辐条从中间拱起，支撑顶圈的覆盖物。

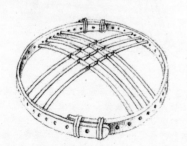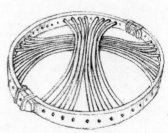

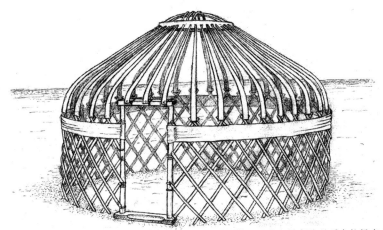

　　曲木毡房是土耳其东部到中国北部可见的一种帐篷。用蒸汽烘弯的屋顶支柱提高内部高度，支撑起由两根弯曲的树枝和生牛皮构成的半圆形轻型顶冠。毡房利用无裂口的柳枝为材质制造，柳枝的天然锥形可以产生最大化的强度，有较好的支撑效果。通常要将木头轻微烧焦，用来驱虫。在建帐篷时，先用3根柱子插进顶冠，连在格子墙上，然后才加上其他部件

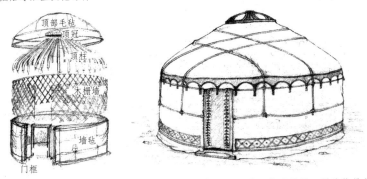

　　右上图：曲木毡房，墙壁用毛毡覆盖，以及帘子门。夏天为了通风，覆盖物是芦席，冬天在底部加上毛毡，用来保暖

MORE YURTS
更多毡房
四季宜居的家

　　毡房的覆盖物通常为毛毡，由经过击打和揉搓的湿羊毛制成。一般使用三层重叠起来的毛毡，到了冬天可以再往上加盖两层。帐篷顶上的排烟盖从内部安装到位，能够随风向移动，遇到下雨天时可以完全合拢，盖住房顶。毛毡的隔热效果很好，其蕴含的天然油脂有一定的防水作用，但是它的抗拉性一般，因此只能用于自支撑式结构。毡房的框架可以终身使用，而所覆盖的毛毡每隔10~20年就需更换。破损的毛毡可以放在地毯下面用来隔热。

　　毡房用途极其广泛。在冬天，地面与墙壁紧密相连，室内地上铺着一层茅草和破毛毡；在夏天，门帘和墙布能够卷起来，让凉风进来，将热气从顶圈排出。迁移的时候，顶圈、几根屋顶支柱和一些毛毡能够被用来搭建一个临时栖息处。伸展开来的木栅还能作为羊栏。与大多数游牧民族的帐篷一样，有经验的迁徙者可以在一小时之内将毡房拆卸完毕，装好运走。

　　伊朗阿塞拜疆省的沙撒万游牧民族住在一种类似毡房结构的屋子里，他们称之为阿拉其弗（见第25页下图）。

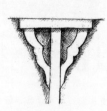

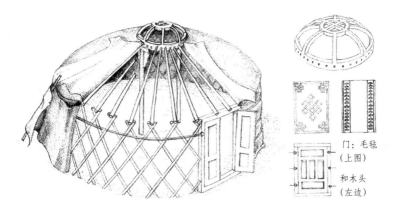

门：毛毡
（上图）
和木头
（左边）

蒙古包。帐篷顶的重量由两根屋顶装饰杆支撑（巴嘎那见第24页下图）。在建帐篷时顶冠被系在杆子上固定就位，而通常为竖直的屋顶撑杆被插入并绑在格子墙栅上。顶冠用木工将榫头套入木板上的榫眼，有8~10个轮辐

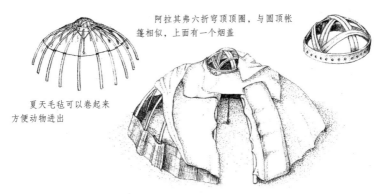

阿拉其弗六折穹顶顶圈，与圆顶帐篷相似，上面有一个烟盖

夏天毛毡可以卷起来方便动物进出

伊朗沙撒万游牧民族的阿拉其弗帐篷顶上有像圆顶帐篷一样的覆盖层，为了便于运输，帐篷的木头用得不多。建造帐篷时，要由一个人捧着顶冠，其他人用24~32根柱子支撑住顶冠，然后将柱子插入地里。柱子周围的编织带用来加强框架结构，顶冠周围绑了一条绳子，在地上打桩。框架上覆盖了三层兽皮，用木钉钉紧在框架上

YARANGA AND CHORAMA DYU

亚栏架和考拉码杜帐篷

坚固的西伯利亚结构

　　亚栏架是西伯利亚的科里亚克民族和楚克其族以及游牧的驯鹿农民的住所。这种帐篷能使得他们在严寒、潮湿和刮风天气里生活下来。这种帐篷的一些独特结构如今依然在某些狂风暴雪的地区保留着。

　　先在地上插入一个由三根3~4.8米高的杆子搭成的三脚架，在四周再放置由1.2~1.5米长的短桩组成的三脚架或由两根杆子组成的架子，形成一个直径10米的圆圈。在架子中间搭建有横杆，构成一个环形。屋顶的支撑杆捆在一起，在顶端汇合。顶部弯曲的T形杆置于屋顶撑杆的下方，将它们推向外面，这样落下的雪花就消散开来，而不会聚集在屋顶上了。帐篷的覆盖物是由大约40张驯鹿皮构成的，有时也会把海象肠皮穿插在驯鹿皮中以便透光。然后使用绳索将驯鹿皮固定在帐篷架上，并紧紧钉在地上。皮的最下端先卷起来，然后用石头压好。夏天的时候，覆盖物换成驯鹿麂皮或者破损的冬季覆盖物。到了极端严寒的天气，则将雪堆在墙上，可以起到保暖作用。帐篷内又被分为3~8个小包或室内皮帐篷，将各家各户分隔开来，能够保护部分隐私。

　　考拉码杜帐篷和亚栏架相似，但是更小更轻，直径约3米。也是来自西伯利亚，是当地的埃文克人和尤卡吉尔人居住的。在它的中心有一个由4根白杨木或柳木柱搭成的角锥形架子。覆盖物用加工后的去毛驯鹿皮制成，分为五片，三片用来遮盖屋顶，两片用来包裹墙壁。去毛使得皮质变轻，但是保暖性就差一点了。到了夏天，驯鹿皮就被双层桦树皮所代替，这两种覆盖物都有风杆压住。

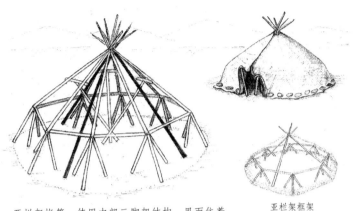

亚栏架框架

亚栏架帐篷，使用内部三脚架结构。里面住着很多家庭，围绕周边每家每户都有自己的空间，共享屋子中间的火炉。楚克其帐篷较小，可住3~4户人家，科里亚克帐篷较大，能住6~8户人家

夏天桦树皮覆盖在墙壁和屋顶上

考拉码杜帐篷框架

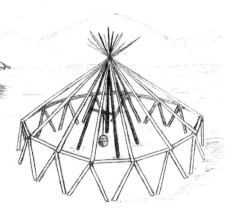

直径3米的小考拉码杜帐篷，内部采用4根支柱型锥形结构。中间横搁一根杆子，用来悬挂生火烧菜时的锅

EARTH LODGES & PIT HOUSES
地窖和洞穴房
建在地里的房屋

　　地窖（见第29页图）一度盛行，从英国、芬兰、西伯利亚到日本、北美平原都可见其踪影，一般可居住大约10年。建地窖前先要用柱子搭个正方形撑架，再用短一些的杆子和横梁围一个周长12~18米的圆圈，扩展建筑面积。安置在中间的椽支撑起柳木格栅，格栅上面覆盖着由草皮和泥土构成的隔层，一些北美部落会用一层湿泥巴涂在格栅上。在拉普兰地区，入口是一个洞穴通道，出口是水牛皮制成的门。

　　洞穴房（见下图）常见于天气较寒冷的地区，比如西伯利亚。建造洞穴房要先在地上打个深1~1.2米的洞，有时还要更深一些。屋面椽条也要插在0.6米深的地方，沉降程度决定洞穴房的高度，并起到隔离作用。一般来说直径为7.6~12米。使用四根主支柱来支撑四根主要的屋顶撑杆。屋顶中心的椽留有一个敞口，起到入口和通风孔的双重作用。通道的东边有一个梯子，可通往入口处。用杆子制成的墙外面覆盖着泥巴和草皮，从洞里挖出的土则堆在顶上。开春后，洞穴房周围就长满了草，与大自然融为一体。有时中间不止用四根支柱和横梁，要用到六根。有时洞穴房呈长方形，而不是圆形。

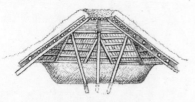

洞穴房的横截面

四柱型洞穴房

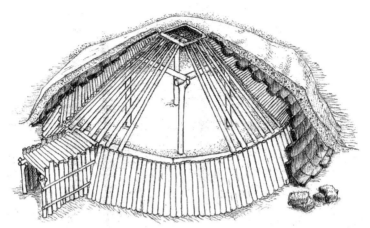

　　上图：地窖。柳木格栅覆盖在框架上，上面盖一层牧草，最后加上泥土和草皮。如同所有的美国土著房屋一样，它的出口也是朝向东方

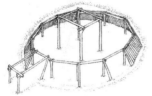

框架倾向于使用橡木，但是杨木更容易获取

洞穴房地面较低，屋顶支柱和地窖房的框架一同埋在地下

洞穴房的顶冠

地窖的横截面，入口处有一个长长的通道

泥土覆盖的屋顶上长了草，将房屋与大自然融为一体

LOG CABINS
小木屋
密林深处

　　小木屋最初出现在树木茂盛的地带，比如斯堪的纳维亚、东欧、俄罗斯，直到后来才被欧洲移民引入美洲。这种小屋用木头承受房屋重量，而不是靠它的拉伸力。根据房屋大小使用一定量的木材建造，建成的坚固木屋有着很好的抵御外敌和风雪的作用。

　　早期的建筑直接建在地上，使用带树皮或无树皮的原木为材质。木头两端相互紧扣在一起，层层叠加，形成自然的锥形。木头间的空隙用湿泥巴填实。后来的建筑为了防潮防腐建在一块低矮的石头上。使用巧妙的接头凹口和纵长形设计来减少空隙，帮助排水，防止墙体滑动。屋顶通常由一个坚固的屋脊和一些挑起椽子的桁条搭建而成，上面是树皮制成的防水层，还加了一层隔热草皮。

　　早期的小木屋一般都是单间，长约5米，宽约3.7米。有一扇门和几扇窗，都用兽皮覆盖。有的房屋有多个房间，甚至为两层楼结构。室内地面通常就是土地，有时也铺上半圆木作为地板。比较高的木屋通常有供休息和储放物品的阁楼，可以通过木桩或树枝做的墙梯爬上去。

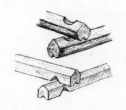

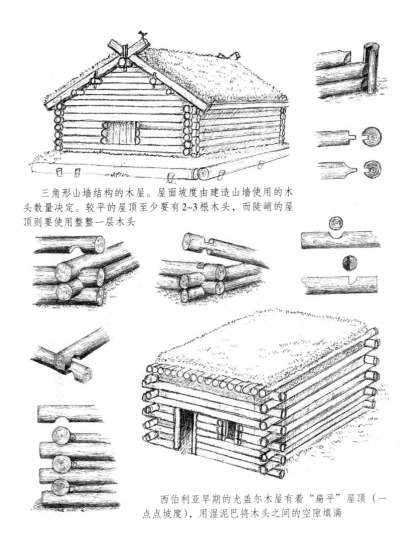

　　三角形山墙结构的木屋。屋面坡度由建造山墙使用的木头数量决定。较平的屋顶至少要有2~3根木头，而陡峭的屋顶则要使用整整一层木头

　　西伯利亚早期的尤盖尔木屋有着"扁平"屋顶（一点点坡度），用湿泥巴将木头之间的空隙填满

HOGANS
泥盖木屋
难看的住所

　　泥盖木屋是纳瓦霍人的住家，建在炎热干旱之地。泥盖木屋风格多种多样，主要可以分为三种类型：较早时期的叉形柱泥盖木屋（见第31页上图），这种屋子在当时立刻流行开来。18世纪的泥盖木屋是用几根3~9米长的木头搭建成一个四边形框架（见下图），用来冬天居住，或者作为夏天的纳凉之处。19世纪常见的泥盖木屋房顶是直径6米的圆形木头屋顶（见第33页下图）。所有木屋都是单间结构，中间放置炉灶，门朝东方。

　　叉形柱泥盖木屋的起源存在于神话之中，通过歌曲传唱开来。建造这种木屋先用一根叉形柱朝南放置，再将一根柱子朝北放置，象征两性和谐。然后再加上一根朝西的柱子，形成一个三脚架。两根朝东的门柱构成了木屋的总体框架。所有柱子都是3~3.5米长的杜松木，可以搭出直径3.5~6米的架子。架子上用薄木条覆盖，并刷上15厘米厚的泥巴。在木屋内部，男人和打猎工具待在南边，女人用的炊具、织布机放在北边。对着门的位置是上首，用来接待宾客和药师。人们在泥盖木屋里总是围着灶台顺时针方向活动。

四边形木屋　　　　　覆盖较细的木条　　　　　最后覆上土砖

最初搭建的三脚架

正式的圆锥形叉形柱泥盖木屋，加上门柱和"门廊"

杆子墙的平面图

较细的杆子用来做外墙

完整地覆盖了土砖的泥盖木屋

"旋转木头"屋顶

女式枕梁木头屋顶泥盖木屋。早期的形式是没有凹口的木头，墙壁微微倾斜。从那以后的类似建筑都是用斧头在脚上砍出凹口的。精巧的屋顶结构设计只使用较短的木头

覆盖了土坯的屋顶，起到隔热或保暖作用

BAMBOO HUTS
竹屋
看着它们生长

竹子作为建筑材料的广泛用途简直令人难以置信。可以用竹子建一整座房屋，而几乎没有任何浪费。竹子生长在南美、中非和东南亚炎热潮湿的环境中，高度可达23米，直径达18厘米（在特殊情况下可以长到36.5米之高）。其类似木质的竹条有着很好的强度和弹力，而且因为竹子中间是空的，所以它还很轻，易于加工。它精细的纤维拥有不可思议的韧性。

竹子是全世界生长速度最快的植物，每天能长60厘米。其高度一年就可以完全长成，但是要达到质地最强的程度需要3~6年。竹子能迅速再生，很快就能聚集起一堆成熟的笔直的枝条。粗竹茎抗压力强，细竹茎弹性好，强度高。竹子不仅再生能力极快，而且还很便宜，运输方便，抗压力和弯曲度都不错。

使用竹子有很多优势，比如说容易安装和拆卸。结构部件能够快速更换和再使用，可持续30多年。当然竹子也有缺点，磨损较快，在地里易于腐烂。

在可能的情况下，竹子经常与其他木材结合起来使用，以建造更加经久耐用和高大的建筑物，利用竹子进行外部装饰或者起支撑作用，强化房屋的结构。

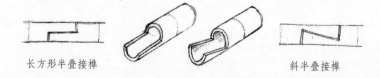

长方形半叠接榫　　　　　　　　　　　　　　斜半叠接榫

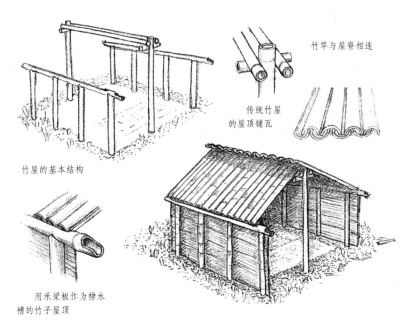

竹竿与屋脊相连

传统竹屋
的屋顶铺瓦

竹屋的基本结构

用承梁板作为排水
槽的竹子屋顶

早期的简陋竹屋。这是一种典型的竹屋设计，至今仍作为临时住所之用。竹屋的框架以插入地里的竹竿与承椽板相连。竹板被固定起来，做成墙壁。自支撑式竹瓦既是椽条又是屋瓦

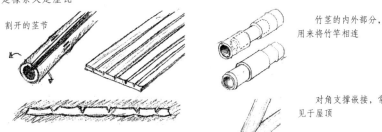

割开的茎节

竹茎的内外部分，
用来将竹竿相连

对角支撑嵌接，常
见于屋顶

制作竹板的方式，将竹茎纵向劈开并压平。
将它们平放，绑在竹竿上，制成墙壁

BAMBOO SOPHISTICATION

高级竹邑

捆扎和连接

　　竹子的用途之广，可谓惊人。可用来制作成手杖、扁担、板条、珠子、槽、竹板、系绳和屋顶瓦片等，不胜枚举。用竹皮制成的系绳要用水浸，以使之柔软，待干后再卷成细绳。竹子系绳用来在捆扎接口处打结，有时接口处有个钻孔，可供系绳穿过（见第37页下图几个例子）。竹节也有图示（见第37页）。

　　在炎热潮湿的竹子生长区，房屋需要防潮隔热，抵御动物入侵，还要有良好的通风作用。早期的竹屋建在泥地上，有时覆盖着竹竿或竹叶编成的垫子，编织方法与竹制墙壁相同，一旦有破损能够迅速换上。后来，竹屋的地板开始高于地面，用竹竿作为地板托架，竹板做成地板（见第35页）。地板下面空出来的有用空间可用来存放物品，通常存放的都是供牲口使用的东西。如果有需要，竹板还能编织成更为牢固的地板。

　　墙壁有很多种选择。竹竿可以平放地上，形成竹栅，与围栏相连。竹条穿过水平栏杆，与之交织，形成墙壁（见第55页）。或者可以将竹子一根根摞起来，通过每个角上插在地上的两根柱子固定。

典型竹屋。一种地板和门廊均为长方形设计的单间住所，地板高于地面，用来防御恶劣天气、潮湿地面、外敌以及动物。墙壁用竹板制成（见第55页）。竹屋利用插在地里的主要支柱使建筑物结构保持稳定（而不是使用斜撑式结构）。墙壁、地板和屋顶是衬里而不是加固衬料

系绳　　　　　系榫　　　一个凸缘　　两个凸缘　　坡口端　　嵌接　　鱼嘴

竹节相连的一些类型，将主干接口与横/竖竹竿及双重梁相连。第36页图为几种普通的连接方式

ROUNDED TIMBER-FRAMED
弧形木构架建筑
从圆形到长方形

　　无论何时，木头一直是世界各地用来建筑房屋的材料首选。木头易于成形，拉力强，能够将其折弯而不弄断。在早期的石器时代，因为树苗最易砍伐，所以使用极其广泛（见"弯顶棚屋"，第10~15页）。打火石的使用和后来青铜的出现让更粗的树杆得以利用。一根树杆可达到15厘米粗细，具有足够的强度，房屋的寿命变得更长，冬季御寒效果也更为出色。牢固的、笔直的柱子常常通过方形横梁支撑起高高的屋顶椽条。

　　尽管有了这些变化，然而由于气候的影响各有不同，大部分房屋还是保持弧形结构。例如，地窖和洞穴房（见第28~29页）成为主流是因为更牢固的屋顶支柱能够支撑起土地和草皮。日本建筑师设计的屋顶是由糙木搭成的圆锥形结构，为了防止暴雨倒灌，在排烟口上又加了一个顶盖。

　　弧形房屋因为受椽条长度所限，很难再扩大。公元前2500年左右出现了第一座长方形房屋。经过若干世纪发展，房屋从简单的A字形结构到复杂一些的有桁条支撑的屋子（见第39页上图），公元100年的农家仓库（第39右下图）在结构设计上可谓达到一个顶点。托架系统可利用重复的结构让房屋扩展，得到额外的储物空间。其他结构使用早期技术，将相似的框架组合起来，例如格构屋顶（第39页中图）。

　　然而，这些建筑要依靠绳索捆绑，而绳索腐烂得很快。连接式卯榫结构框架的发展解决了这个问题。

支柱框架结构使用的基本连接方式

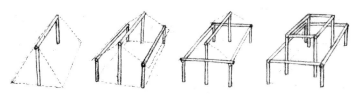

建筑发展史，从基础A字形结构到早期的支撑结构

新墨西哥基卡普人的房屋，有着长方形支撑结构和树皮格架屋顶

芦席墙

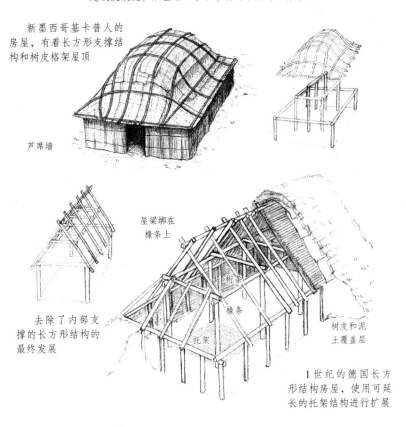

去除了内部支撑的长方形结构的最终发展

屋梁绑在椽条上

桁条

椽条

托架

树皮和泥土覆盖层

1世纪的德国长方形结构房屋，使用可延长的托架结构进行扩展

SQUARED TIMBER-FRAMED
方形木构架房屋
楔形榫头和嵌接

　　方形截面木构架房屋代表了木结构建筑工艺发展的最终阶段，它采用的是独立式的预制结构，将每个部件组装固定在一起。橡木是建造木屋的最佳材料。由于是不在建筑现场的制作，木匠就把将要建设的房屋看作是一系列的配件，仔细标记每副框架、交叉连架、墙板、地板和屋顶，确保各个部件在房屋建筑现场能够顺利准确地进行组装。

　　西方木屋的搭建构架分为三种类型。第一，支柱和桁架，由直立的墙柱支撑起三脚架（三脚架的内部结构配置各有不同，见第41页图）；第二，曲木构架，由两根自然弯曲的木头组成，以横梁相连接；第三是敞口宽阔的交叉连架，这种结构再次用到基础的柱子和桁架来搭建，交叉连架每面有一个单坡，这样墙柱就成了内部拱形支柱。交叉连架通过底梁、承梁板、桁条和一根大梁呈纵长形连接。架子上的三角形支柱是用来增加稳定性的。因此墙壁遍布长方形木框结构。

　　建造墙壁就是在框架截面上填充材料，一般是用板条覆盖，刷上泥浆，外层是木头。12~18根橡木板每隔30~45厘米垂直地插入槽中，然后将榛木或劈开的橡木条编织成的篮筐形覆盖物用半干黏土、牛粪和稻草调制的混合物盖在墙的两面，最后用稀石灰或油漆粉刷。更狭窄的地方用平整的橡木板条或石板填塞，然后刷上黏土。

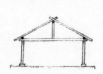 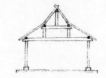 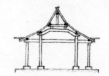

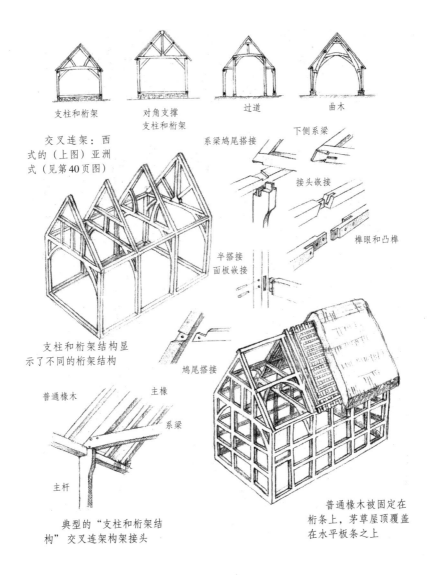

支柱和桁架　　对角支撑　　　过道　　　　曲木
　　　　　　　支柱和桁架

交叉连架：西
式的（上图）亚洲
式（见第40页图）

系梁鸠尾搭接　　　下侧系梁

接头嵌接

榫眼和凸榫

半搭接
面板嵌接

支柱和桁架结构显
示了不同的桁架结构

鸠尾搭接

普通橡木　　　　主椽

系梁

主杆

典型的"支柱和桁架结
构"交叉连架构架接头

普通橡木被固定在
桁条上，茅草屋顶覆盖
在水平板条之上

041

ADOBE MUD BRICK
土坯房
光荣的泥浆

　　泥土可能是最为充足的建筑材料，房屋建造史上的最初阶段人们就开始用泥土来盖房了。土坯是一种用沙子、黏土和水调制，再加入其他黏合材料，通常为稻草和粪肥制成的泥土混合物。可用手将湿土捏成砖形，或放在矩形空心框架模具里铸型。做好的土坯长约40厘米，宽约35厘米，高约30厘米，放置在阴凉处慢慢晾干，减少破裂的可能性（见下图）。砖头用来制造墙壁，用沙子和黏土调和成沙浆进行黏合。干粪可抵御昆虫入侵，稻草能帮助砖头均匀晾干。

　　土坯房在中东、北非、西班牙和北美南部盛行了几千年。这些地区气候炎热干燥，少有其他建筑材料，而且低降雨量也有利于延长土坯房的使用寿命。土坯房是一种经久耐用、成本低廉、造型简易的房屋。

　　土坯房建筑强度不高，通常墙壁低矮厚实，屋顶也较矮，一般呈圆形或弧形，可使房屋结实耐用。在炎热的天气里，厚厚的土坯墙让热气不那么容易进入，因此可保持室内凉爽。到了寒冷的夜晚，厚厚的土坯墙又将存储的热气释放出来。为了防止雨水侵袭，墙壁最后通常要刷一层泥浆或灰泥，古代也有一些地方使用石灰为基础的水泥。

　　西班牙式土坯房，由于是长方形，它的稳固性略逊于下图的房屋。土坯房的特征极为显著：突出的屋顶梁、厚砖墙、门和窗上的木楣、单层（因为建筑强度不够）。典型的屋顶结构请见右图

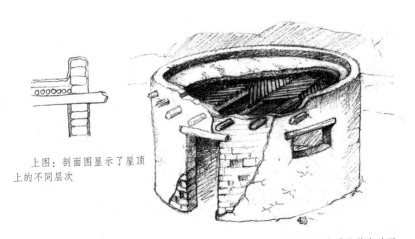

　　上图：剖面图显示了屋顶上的不同层次

　　右图：新墨西哥圆形土坯房，直径4.8米，高2.4米。泥砖墙内外覆盖着土砖泥，突出的屋顶梁或"维嘉"（美国方言，西班牙老式房屋建筑中用的椽）穿过墙壁平置，中间小一些的杆子作为Z字形构架的椽条，然后在屋顶上铺上20厘米厚的泥土用于隔热

STRAW BALES
稻草房
从收割到建房

　　最早的稻草房屋是在19世纪晚期美国的内布拉斯加州沙丘出现的，殖民者发现这里夏季炎热难当，冬日寒风凛冽，没有树木，也没有石头，沙质地面使得这儿寸草不生。然而，这里却有着适合谷类作物生长的土地，有收获季节的副产品，也就是大量木质茎杆，还有新发明的稻草打包机。

　　稻草有着很好的隔热和隔音效果，耐压性强。稻草房屋在不断的发展和改进当中，至今仍在使用，其踪迹遍布全世界。

　　稻草房屋建筑在石基之上，有一个石板防潮层。这应该是个排水基坑，至少要22厘米高，防止雨水溅入。在此之上是用稻捆做成的墙，墙上有至少一稻捆大小的开口作为窗户。窗户的占用面积不超过墙面积的50%。窗户和门之间有一定间隙，内部由一个承重构架支撑。屋顶安置在墙体之上，屋檐下要留出至少45厘米的空间。还要有一个坚固的与墙壁同宽的墙面板，用来均衡屋顶载重。

　　稻捆依次叠高绑在一起，最后在墙面上涂以灰泥。

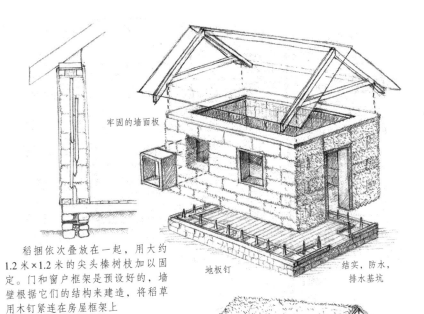

牢固的墙面板

稻捆依次叠放在一起，用大约1.2米×1.2米的尖头榛树枝加以固定。门和窗户框架是预设好的，墙壁根据它们的结构来建造，将稻草用木钉紧连在房屋框架上

地板钉

结实，防水，排水基坑

左图：稻草房。标准的稻捆应为45厘米×35厘米×（90~115厘米）大小，用剑麻绳、细麻绳或捆包线捆扎起来。作为建筑材质的稻捆必须有极强的抗压力，要比平常的稻捆多出三分之一的量。在建房时，稻草需保持干燥

然后是表面修整，在墙壁内外刷上石灰泥。等墙面干了之后，再用石灰浆或透性漆进行粉刷

IGLOOS
冰屋
外面很冷

冰屋，又称"雪屋"，是在北极冻原的自然环境中发展起来的。它可用来冬天居住，也可作为狩猎者的临时住所。通常冰屋的直径为2~4.5米（取决于它的预期使用时长），而一些群体居住的冰屋直径常达到6米。

冰屋最好是建在斜坡上，这样寒风就能向下方流动到存放工具和储物的地方，休息的区域用鲸脂灯取暖。这种房屋只需要两个人花费几小时的时间就可以建成。先对选择好的地面进行检查，确保雪的强度合适之后，从中挖出1米长，45厘米厚，20厘米高的雪块。将雪块围成一个圆形，然后整出内错的角度，这样圆屋顶的雪块就可以呈螺旋形向上堆砌。雪块被切割成大块，再根据需要调整至合适大小，最后堆在一起，冰晶融化后会再冻结，因此可将雪块联合成一个整体。

圆顶冰屋就像所有的球体一样，能够以最小的表面积得到最大的空间，而且它没有屋角聚集寒气。通常还要在屋内墙壁上挂上驯鹿皮，可进一步防寒，亦可在兽皮和雪墙之间多一层冷空气围挡，防止雪屋融化。

冰屋能通过带屋顶的通道与其他圆屋顶相连加以扩张，延长室内空间，这是相互联系紧密的群体之间在面对严寒的自然天气所作出的一项重要举措，以便长期在室内生活。建好的冰屋长期留在原处，供路过该地的旅行者居住。

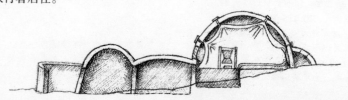

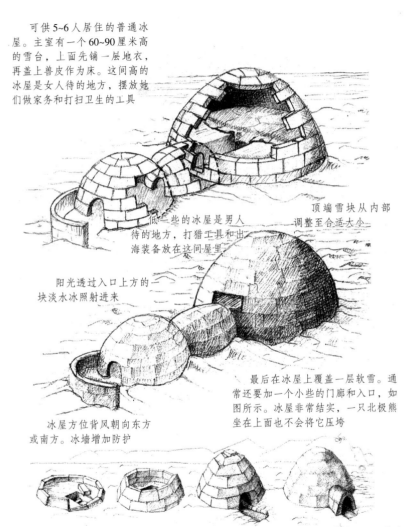

可供5~6人居住的普通冰屋。主室有一个60~90厘米高的雪台，上面先铺一层地衣，再盖上兽皮作为床。这间高的冰屋是女人待的地方，摆放她们做家务和打扫卫生的工具

低一些的冰屋是男人待的地方，打猎工具和出海装备放在这间屋里

顶端雪块从内部调整至合适大小

阳光透过入口上方的一块淡水冰照射进来

最后在冰屋上覆盖一层软雪。通常还要加一个小些的门廊和入口，如图所示。冰屋非常结实，一只北极熊坐在上面也不会将它压垮

冰屋方位背风朝向东方或南方。冰墙增加防护

冰屋的建造过程图：一开始呈螺旋式上升的态势，坑道挖得深于屋内地面，以使冷空气停滞在低洼的门廊区域，被皮制屋门挡在室外

GEODESIC DOMES
短程线球顶建筑
古代几何学新用

　　短程线球顶这个词是发明家布克敏斯特·富勒创造出来的，他将短程线球顶屋作为一种供选择的居住方案在20世纪50年代和60年代推广开来。然而，首次有记载的短程线球顶建筑是在沃尔特·鲍尔斯菲尔德博士的指导之下，于1922年在德国耶拿建造的一座天文馆。测地学是测定地球的形状和大小的学科。测地线（短程线）则是待测两点内的地球面上测得的两点之间的最短距离。

　　本书中收录的短程线球顶屋是因为它们引人入胜的美学设计思想及其相对简洁的建筑结构。短程线球顶屋的形状和大小之多令人眼花缭乱，建筑方式也是多种多样。第49页图所示的二十面体为基础的穹顶屋和下一页中的支柱型球顶屋可以用竹子、扫帚把或金属管制造。

　　要建造一座成功的短程线球顶屋，关键在于连接。下图显示了两种组配方法。还有一种方法：将软管压扁、钻孔，用螺栓连接尾部。也可以使用板子，如果使用金属管，将尖端敲平，再钻上螺栓和翼形螺帽孔。

华泽尔接头　　　　　　　　　　　　　　　排水管接头

二十面体

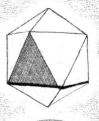

请看这块三角形阴影面，它将在下列图中再进一步分割

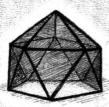

基于二十面体建造的五边形帐篷

请注意任何多边形基础都能以大致同样的方式建成一个帐篷

双频二十面体

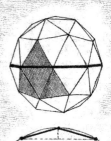

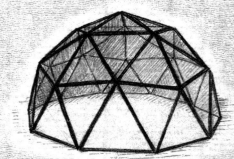

双频二十面体球顶屋的基本形状。需要两种长度的杆子，A：30根直径为0.273的杆子；B：35根直径为0.309的杆子（见附录）。球体的赤道线形成一道基线。球顶建筑可以通过在基线下面加上一圈鼓形或筒形柱加以抬高（见第48页中图所示）

MORE COMPLEX DOMES
更复杂的球顶建筑
将三角形结构再细分

　　有五种方式可用来细分球体表面，将其分成多面完全相等的正多边形。这五种分法被称为柏拉图立体或正多面体，分别为四面体、八面体、立方体、二十面体和十二面体（见下图）。第50、第51页图示的短程线球顶屋是由二十面体派生出来的。二十面体通常是最佳结构，但是球顶屋也可以用其他柏拉图立体结构，甚至是阿基米德多面体结构来建造。附录（第56~58页）还有一些八面体和立方八面体的房屋结构图。可以注意到一些球顶屋有自然的赤道线，而其他（例如第51页上图所示的三频二十面体球顶屋）则在赤道线之上或之下有一条截线。

　　球顶屋可用帆布、塑料、树皮、兽皮、旧伞布或任何当地可见的材料来覆盖。可以盖在房屋框架上面，或者悬挂在室内墙壁上（通常用于更大的建筑）。一座大球顶屋只需要占用极小的面积。在一些寿命更加长久的球顶屋中，能够从木头、塑料或玻璃板中开出三角形口以便光线进来。

　　作为最好的方法，二十面体短程线球顶屋以及它们的五边形几何设计让人们了解了以下的事实：决定世界上大多数生命的定律，就是这种特殊的黄金分割对称法。

三频二十面体

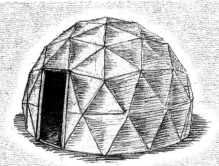

三频二十面体球顶屋的基本形状。需要三种长度的杆子。
A：30根直径为0.5743的杆子；B：55根直径为0.2018的杆子；
C：80根直径为0.2042的杆子。请参见本书第56~58页附录映射
图表。这种球顶屋的形状略大于一个半圆形，正如所有的奇数频
二十面体球顶屋一样，它没有真正的纬线

四频二十面体

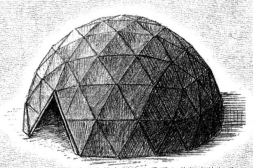

四频二十面体球顶屋的基本形状。需要六种长度的杆子。A：
30根预期直径为0.3266的杆子；B：60根预期直径为0.1473的杆
子；C：30根预期直径为0.1476的杆子；D：30根预期直径为
0.1493的杆子；E：70根预期直径为0.1564的杆子；F：30根预期
直径为0.1625的杆子。门和门廊可以用任何合适的方式与短程线
球状屋顶相连接。球顶屋还能像大型泡沫状建筑一样连接起来

ORIENTATION AND SYMBOLISM

方位和象征

高层次现实的映像

　　世界上许多民族将他们的传统住所看作是层次性结构的微缩宇宙，并且将他们脑海中的宇宙格局图体现在房屋设计、方位以及一切围绕其间的装饰物中。在蒙古包中，屋顶象征天空和神圣的苍穹，顶圈代表太阳和通往上界的入口，两根屋顶支柱（巴嘎那）代表通向上界的世界之树。在哥伦比亚科吉部落的"努威"或教堂中，每样东西都是从屋顶中央的横梁依次向下排列，而房屋这个小宇宙就建立于这个横梁之上。屋顶的吊环代表九个世界，睡在吊床上的人就区分了不同的世界。古代房屋的周界包围的空间象征神圣空间，门廊入口则成为连接内外世界的神圣过渡之门。

　　圆圈（或球体）是统一和无限的传统象征，房屋的天花板通常代表天堂和苍穹。过去普遍认为天空为圆，地面为方，因此世界上也可见传统方圆结构相结合的房屋。在窨屋（见下图）和地窖中，朝上方看去，是由屋顶支柱搭建成的方形结构，这是对四个基本方向永恒存在的再次确认。

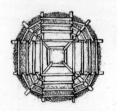 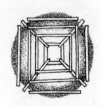 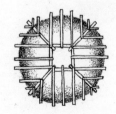

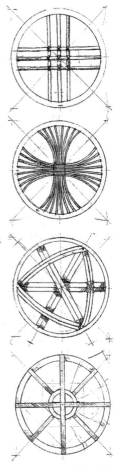

白色圆盘：
恒星和星群

条纹：彩虹

斑点条纹：
神兽的足迹

弯丘：
祈祷的地方

地球上的星星

上图：黑脚部族圆锥形帐篷的象征。底部和顶端的黑色背景分别代表大地和天空。亮色背景是用来作视觉绘画的，通常为动物形象

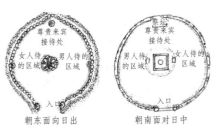

上图：基于四组或六组支撑结构的四种不同的毡房顶冠设计

叉形柱泥盖木屋（左图）和毡房（右图）的设计图。两种房屋均依阳面而建，中间建有炉灶，将男女区域隔开

外墙及最后的修整

粉刷与装饰

　　建造大多数简单房屋，修建外墙是最后一道工序，用来给房屋提供一层外皮包装。尽管外墙有时具有支撑性能，而通常它支撑房屋结构的作用是微乎其微的。外墙的最基本功能是保护隐私和明确界限，还可以隔热、抵挡风雨、防御外敌入侵。正如我们在书中看到的所有房屋那样，外墙材质要与当地可用物料和自然气候条件相结合。因此，炎热地带的外墙具有良好的通风性，而在寒冷潮湿地区，抵御风雪冰雹和起到保暖作用是外墙不变的功能。外墙使用的材料一般有树叶、兽皮、树皮、毛毡、编织竹板、芦席和泥土。可参见第55页图例。

　　世界各地有许多充满创意的住所，它们与更为著名的圆锥形帐篷和毡房并存，本书就是希望使读者们欣赏到它们之间的多样性。和我们的动物伙伴一样，人类也要建造自己的小窝，适应环境，而不是让环境来适应人类（仅仅是完全适应人类自身的需要），以与自然融为一体，表达对自然的敬畏之情，这是一种维持平衡的有益状态。在包罗一切的宇宙框架中，所有部分都是相互依存的，传统社会通过自我认识，得以维持平衡和谐的生存状态。只要用心，并不难做到。

　　因此，对于那些具有独创性视角和务实头脑的读者来说，足以用书中所学知识来建造、体验和感叹这些漂亮精巧的建筑，尽情在大自然的怀抱中徜徉。

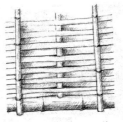

竹子立竿，亚洲
房屋墙壁内嵌的通常
用材

竹屋和其他亚洲
住所使用的竹板

装饰性人字纹竹板

毡房广泛使用的
格子结构和毛毡覆盖

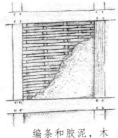

编条和胶泥，木
构架建筑的填充物

棚屋覆盖层，用绳
子绑定的桦树皮置于树
枝固定的榆树皮之上

棚屋和弧形支柱
结构房屋使用的芦席

直杆和泥浆石
灰，用于非洲锥形屋

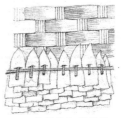

非洲编织房屋的
竹叶外墙

附录一 部分圆顶

居中型
立方八面体圆顶

A=0.38269×16
B=0.5×12

注：所有杆子都
用于穹顶直径1

注：所有长度尺
寸都是大环的组
成部分，因此，
圆顶可在顶部用
6根长弯杆加上
2根底部撑杆制
作而成。

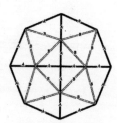

双频
立方八面体圆顶

A=0.19509×24
B=0.21146×24
C=0.25882×30
D=0.2706×12
E=0.28868×12

注：这种圆顶可
根据长杆尺寸进
行调节，顶部有
三角框架，可开
为烟道。

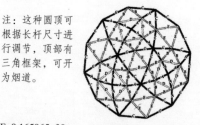

3频
立方八面体圆顶

A=0.1274×24
B=0.13677×12
C=0.13734×24
D=0.137845×24
E=0.14541×24

F=0.165965×30
G=0.178705×30
H=0.18173×24
I=0.18898×27
J=0.192585×24

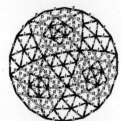

3频
八面体圆顶

A=0.19509×32
B=0.21146×24
C=0.25882×24
D=0.2706×12
E=0.28868×12

注：对完备的中
型圆顶进行设计
必须对四方方位
进行确认。

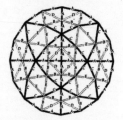

双频
二十面体圆顶

A=0.273265×30
B=0.309015×35

注：穷顶直径1
的所有杆的长度。

注：简单方便的
5 根 对 称 柱 子 圆
顶 建 筑 结 构，只
要两根杆子即可。

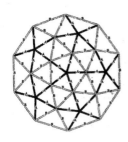

大圆
三十二面体圆顶

A=0.18142×32
B=0.27327×32
C=0.32043×32

注：这种半圆形的
顶只要使用14根
长的软杆加上2根
用于制作底座的
杆子，把它们连
在一起，在每个
连接点上做标记。

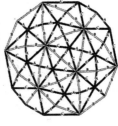

3频
二十面体圆顶

A=0.17431×30
B=0.201775×55
C=0.206205×80

注：要将房屋建
得更大，这是一
种绝佳选择，只
需要3根杆子。

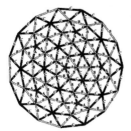

4频
二十面体圆顶

A=0.12659×30
B=0.147265×60
C=0.14762×30
D=0.149295×30
E=0.156435×70
F=0.16246×30

注：此种圆顶适
用于超大房屋，
有些要件可折叠
并保持完好，比
如：5A 星 状 结
果以及 4E2D 星
状结构。

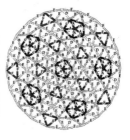

5频

二十面体圆顶

A=0.099075×30
B=0.112845×60
C=0.1158×30
D=0.115895×30
E=0.122545×80
F=0.122675×20
G=0.12362×70
H=0.127585×70
I=0.1308×38

注：由于圆屋顶越复杂，尺寸越宽大，所以杆子的长度必须十分准确

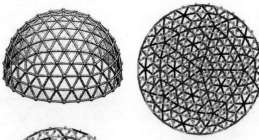

6频

二十面体圆顶

A=0.081285×30
B=0.090955×60
C=0.09369×30
D=0.09524×30
E=0.099005×60
F=0.10141×90
G=0.102955×130
H=0.107675×65
I=0.108315×60

注：所有偶数频率的圆顶都有一条中心环带。

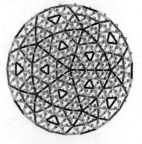

7频

二十面体圆顶

A=0.06887×30
B=0.075985×60
C=0.07832×30
D=0.08077×30
E=0.0824×60
F=0.08533×30
G=0.08549×60
H=0.08566×60

I=0.086765×80
J=0.087925×90
K=0.090775×70
L=0.090805×35
M=0.091185×70
N=0.09274×70
O=0.093955×30

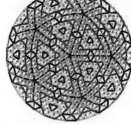

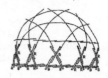